公益性行业（农业）科研专

“主要农作物高活力种子生产技术研究与示范”

成果丛书

棉花高活力种子
生产技术手册

丛书主编　王建华

孟亚利　王卫军　编著

中国农业大学出版社

·北京·

内 容 简 介

本手册主要内容包括常规棉良种及杂交棉亲本种子生产技术与要求、杂交棉制种技术与要求、棉花种子加工技术与要求三大部分，涉及种植基地选择、基础原种要求、田间栽培管理，以及采摘收获与种子加工等棉花种子生产各环节的质量控制技术措施与要求。

图书在版编目(CIP)数据

棉花高活力种子生产技术手册/孟亚利，王卫军编著．—北京：中国农业大学出版社，2018.10

ISBN 978-7-5655-2111-9

Ⅰ.①棉… Ⅱ.①孟… ②王… Ⅲ.①棉花-作物育种-技术手册 Ⅳ.①S562.03-62

中国版本图书馆CIP数据核字(2018)第231154号

书　　名 棉花高活力种子生产技术手册

作　　者 孟亚利　王卫军　编著

责任编辑 洪重光　　**封面设计** 郑　川

出版发行 中国农业大学出版社

社　　址 北京市海淀区圆明园西路2号　　**邮政编码** 100193

电　　话 发行部 010-62818525,8625　　读者服务部 010-62732336

编辑部 010-62732617,2618　　出　版　部 010-62733440

网　　址 http://www.caupress.cn　　**E-mail** cbsszs@cau.edu.cn

经　　销 新华书店

印　　刷 涿州市星河印刷有限公司

版　　次 2018年10月第1版　　2018年10月第1次印刷

规　　格 787×980　　16开本　　2.75印张　　25千字

定　　价 16.00元

公益性行业(农业)科研专项
“主要农作物高活力种子生产技术研究与示范”
成果丛书

编写委员会

主　编　王建华

副主编　(按姓氏音序排列)

付俊杰　顾日良　孙　群　唐启源　尹燕枰
赵光武　赵洪春

编　委　(按姓氏音序排列)

邓化冰　段学义　樊廷录　付俊杰　顾日良
韩登旭　郝　楠　何丽萍　江绪文　康定明
李润枝　李　莉　梁晓玲　林　衡　鲁守平
马守才　孟亚利　石书兵　孙　群　孙爱清
唐启源　田开新　王　进　王　玺　王　莹
王建华　王延波　尹燕枰　赵光武　赵洪春
郑华斌

总　　序

农业生产最大的风险是播下的种子不能正常出苗，或者出苗后不能正常生长，从而造成缺苗断垄甚至减产。近些年，发达国家的种子在我国呈现出快速扩张的趋势，种子活力显著高于国内种子是其中的重要原因之一。农业生产的规模化、机械化是提高我国农业劳动生产效率，实现农业现代化的必由之路。单粒精量播种技术简化了作物生产管理的间苗定苗环节，大幅度降低了农业生产人力和财力支出，同时也是优质农产品生产的基本保障。但是，高活力种子是实现单粒精量播种的必要条件，现阶段我国主要农作物种子活力还难以适应规模化、机械化、高效高质生产技术的发展要求。

研究我国主要农作物种子的高活力生产技术和低损加工技术，提高种子质量是农业生产机械单粒播种、精量播种的迫切需要，也是加强我国种子企业的市场竞争力与种业安全的紧迫需求。2012 年，中国农业大学牵头，山东农业大学、湖南农业大学、中国农业科学院作物科学研究所、浙江农林大学、北京德农种业有限公司参与，共同申报承担了农业部（现农业农村部）公益性行业（农业）科研专项“主要农作物高活力种子生产技术研究与示范”（项目号 201303002，项目执行期 2012.01—2017.12）。依托前期项目组成员单位和国内外的工作基础，项目组有针对性地研究了影响玉米、水稻、小麦、棉花高活力种子生产中的关键问题，组装配套各类作物高活力种子的生产技术规程和低损加工技术规程，并在企业进行技术示范，为全面提升我国主要农作物种子活力水平提供理论指导，为农业机械化和现代化发展提供种子保障。

依托项目研究成果，我们编写了下列丛书：

《河西地区杂交玉米种子生产技术》

《玉米种子加工与贮藏技术手册　上册·收获和干燥》

《玉米种子加工与贮藏技术手册　中册·包衣和包装》

《玉米种子加工与贮藏技术手册　下册·贮藏》

《玉米种子精选分级技术原理和操作指南》

《水稻高活力种子生产技术手册》

《棉花高活力种子生产技术手册》

《冬小麦高活力种子生产技术手册》

《水稻种子活力测定技术手册》

《小麦种子活力测定技术手册》

《棉花种子活力测定技术手册》

《玉米种子萌发顶土力生物传感快速测定技术手册》

《水稻种子活力氧传感快速测定技术手册》

《小麦种子活力计算机图像识别操作手册》

《种子形态特征图像识别操作手册》

《主要农作物种子数据库查询系统用户使用手册 V1.0》

本套丛书可供相关种子研究人员及农业技术人员和制种人员使用，成书仓促，疏漏之处在所难免，恳请读者批评指正！

编著者

2018 年 6 月

前　言

高质量的棉花种子是实现棉花高产、优质、高效的重要物质基础，是保障棉花优良品种充分发挥增产潜力，减小生产风险的必要条件。近年来，长江流域棉花良种繁育与种子生产面临很大的挑战，一方面是随着城市化进程的加快，农业劳动力大量减少，生产成本大幅度增加，粮棉油果蔬等作物之间的竞争进一步加剧，致使棉花种植和制种业的比较优势进一步削弱。另一方面，棉花育种渠道广而杂，新品种选育速度快，生产用种更换频繁，种子质量良莠不齐，严重影响了优良品种种性的发挥和制种效益。因此，制定棉花高活力种子生产技术体系，规范棉花种子生产技术质量要求，实现制种科学化和规范化，是保障棉花产业发展和提高市场竞争力的迫切需要。

本手册主要针对长江流域棉区棉花种子生产特点，以当前棉花种子生产的相关技术要求为基础，部分内容结合了农业部公益性行业（农业）科研专项（201303002）的子课题任务——长江流域棉花栽培管理技术对种子活力影响的相关研究结果，在重视种子产量和常规质量的同时，突出了高活力种子的生产技术措施。主要内容包括常规棉良种及杂交棉亲本种子生产技术与要求、杂交棉制种技术与要求、棉花种子加工技术与要求三大部分，涉及种植基地选择、基础原种要求、田间栽培管理，以及采摘收获与种子加工等棉花种子生产各环节的质量控制技术措施与要求。本手册适用于棉花种子生产从业人员，包括种子公司、农技部门、种植户等相关人员使用。

本手册撰写与材料收集过程中，得到了山东省农科院董合忠研究员、江苏省农科院吴香桂研究员、安徽省农科院郑曙峰研究员、江苏省农委潘宁松研究员、江苏省宿迁市农科院王为军研究员等专家的帮助和指导，在此深表感谢。另外，本手册编写中参考了相关文献，在此对相关作者和编者表示感谢。

由于编者的专业水平所限及编写时间仓促，本手册不足之处在所难免，恳请各位读者批评指正。

编著者

2018 年 5 月 8 日

目　录

1　常规棉良种及杂交棉亲本种子生产技术与要求

近年来由于杂交棉制种成本的不断增加，杂交棉的增产增收优势与常规品种相比已不明显，长江流域地区常规棉品种的种植面积呈日益增长趋势。而棉花良种是实现棉花高产、优质、高效的重要基础；对于杂交种其亲本种子的繁殖同样十分重要，因为亲本的高配合力产生杂种优势，亲本的遗传纯度决定杂种优势的大小，亲本一经混杂退化，引起基因重组，配合力降低，所配制杂交种的优势也必将随之降低，甚至失去其利用价值。

1.1　基地选择

棉花良种及杂交亲本种子生产基地的选择，首先要考虑气候土壤条件是否适宜。棉花开花结铃期间气温高、光照足、雨水少、日温差大的地区，可有效防止花粉败育现象，有利于种子发育与活力提高。土壤条件要求地势平坦、土层深厚，中等以上肥力，无或轻棉花枯萎病和黄萎病等检疫病虫害，以纯作一熟春棉田为前茬，或前作为早熟蔬菜、大麦、油菜等茬口的两熟棉田。长江流域大部分地区棉花开花吐絮期的雨水较多，良好的灌排条件是保障棉花高产与种子质量的必要条件。其次，劳动力充足、土地连片集中、集约化程度高、植棉基础好的地区，便于实行生产与管理的统一，有效地保证较高的种子质量，降低生产成本，提高制种效率。近些年来，长江流域棉区的许多种子企业已逐步将种子生产基地向具备棉种质量和产量优势的区域集中，如向淮北、豫北、冀南、鲁西，甚至甘肃河西、内蒙古、新疆等一些地区转移。

1.2 基础原种要求

一般对基础原种的要求是通过国家或省级审定的优质高产、适应性广、抗枯萎病、抗黄萎病配合力高的品种（组合）。基础原种应是由育种单位或种子公司按原种生产技术规程生产的，达到原种质量标准的种子。在向基地发放前，制种单位应提前进行种子质量检验，其纯度、净度、发芽势、发芽率、含水量应符合 GB 4407.1—2008 的规定。种子外观饱满、色深，经硫酸脱绒、种衣剂包衣处理。

对已选好品种（组合）的种子，在播种前一周内选晴好无风天气，暴晒种子 2～4 d，随翻晒随剔除破子、秕子和异型子，促进种子呼吸，打破棉种休眠，提高发芽势和发芽率，增强种子活力，同时还能杀死棉种表面的病菌和虫卵，减少后期病虫害发生。

1.3 播种期与种植密度

采用地膜覆盖直播方式，当 5 cm 地温连续 5 d 稳定达到 15℃以上时（长江流域棉区一般在 4 月中旬至下旬）抢晴播种。采用育苗移栽方式，在 4 月初播种，4 月底至 5 月初移栽。各地可根据本地实际情况和生产条件因地制宜选择种植方式，以获得早、全、齐、匀、壮的棉苗。为了降低生产成本，提高种子生产效益，机械化精量直播种植未来将全面实施。精量播种可以减少种子用量，且除草、施肥、开沟、播种、覆土、覆膜等一次性完成，也无须人工疏苗定苗。

种植密度的确定要平衡种子产量与种子质量的关系，低密度种植下单株铃数多、铃重大，种子子指和活力较高，但种子产量上不去；密度过高，群体生长条件恶化，种子成熟度与子指下降，活力降低。经试验研究与生产实践经验总结，长江流域棉区中熟品种一般以中高密度为宜，具体为 3.0 万～3.5 万株/hm^2。各地实际密度的确定还要根据土壤地力条件调整，地力好密度可低一些。

1.4 去杂去劣的时间和标准

去杂去劣是生产高活力棉种工作重要的一环，一般至少进行3次。苗蕾期：观察整齐度、生长势、抗病(虫)性等，着重鉴定新品种前期的整齐度和抗逆性。根据叶型、叶色、发病株等确定非典型株及时记载并拔除。花铃期：观察植株的典型性、一致性、抗病虫性和生长势，着重鉴定新品种的典型性、一致性和新品种中期生长势和抗逆性。根据株型、叶型、铃型、铃色、长势确定非典型株及时记载并拔除。吐絮期：观察结铃性、生长势、吐絮的集中程度，着重鉴定新品种的丰产性和早熟性等。对生长势弱，结铃性差，吐絮相对较迟的单株及时记载并拔除。

1.5 合理施肥

平衡施肥是确保棉花早发不早衰，提高种子产量与活力的重要技术措施之一。长江流域棉花种子生产田适宜用肥量为每公顷氮肥(N)225～300 kg、磷肥(P_2O_5)100～135 kg、钾肥(K_2O)150～220 kg。合理施用氮肥能够促进种子发育，提高种子成熟度和子指，过量追施氮肥则会造成种子成熟度与活力降低。氮肥施用原则要掌握：重施底肥，轻施苗肥，稳施蕾肥，重施花铃肥，早施盖顶肥。对于晚发晚熟品种切忌过量追肥，以防导致棉花生长不协调，种子质量下降，效益降低。根据我们的试验研究，棉花种子生产需要充足钾肥，对于缺钾敏感型品种和有效钾含量偏低的土壤，缺钾易造成棉花后期早衰，使种子活力有明显降低。因此，钾肥宜分期施用，增加花铃期用量。除氮磷钾肥外，棉花种子生产田增施硼肥，可以有效减少脱落，提高成铃率，从而达到增产增收的目的。其最佳施用量约为 22 kg/hm^2，于花铃期叶面喷施，喷施浓度为 0.2%，每周喷施 1 次效果最好，一般施用 2～3 次。

1.6 化学调控

缩节胺是棉花生产中应用广泛、效果显著的一种生长调节剂，其使用原则为多次少量、前轻后重，并要根据棉花长势、肥水条件以及降雨等情况，确定具体施药时间、剂量和次数。没有经过包衣处理的种子用缩节胺浸种，可以增强棉苗的抗逆性，并促进根系发育。生长期间喷施缩节胺可以协调营养生长与生殖生长，有效抑制后期无效果枝和赘芽生长，增加铃重，提高种子成熟度与活力。长江流域地区缩节胺总用量每公顷为 110～145 g，苗期、蕾期、初花期、盛花期及打顶后，每公顷分别喷施 3.7～7.5 g、11.3～15.0 g、25～28 g、30～45 g 及 40～50 g。但需注意天气干旱且不能保证灌溉的棉田不宜使用。

近年来，油菜素内脂在棉花上应用有所增多。根据我们的试验研究，油菜素内脂不仅明显提高棉花种子产量，而且可以有效提高棉花种子活力，兼顾种子产量与品质。一般在初花期和盛花期喷施效果较好，浓度为 0.25 mg/L。而其他一些调节剂如GA3、6BA、多胺等，对种子活力的影响效果不稳定，且成本较高，因而不宜施用。此外，需注意制种棉田后期不得喷施化学调节剂对棉铃催熟，以免形成铁子，降低种子活力。

1.7 中耕排灌

长江流域地区 5 月下旬 6 月初温度往往偏低，中耕松土破板结很重要，促苗早发、培育壮苗。利用中耕培土机结合中耕、破板结松土、除草、培土一并进行。开花期和花铃期正值长江流域雨季，要及时排水泄洪，同时也不能受旱，遇旱及时灌溉，否则直接影响种子活力与产量。

1.8 病虫害防治

高活力种子不仅发芽率、发芽势高，且在田间条件下能快速整齐生长发育成壮苗，即种子的适应性和抗逆性强。病株、病铃由于受病菌的危害，种子发育过程中生理生化反应受到影响，发芽率、发芽势也随之下降，并且会失去应有的抗病性。棉花枯、黄萎病在长江流域棉区的发生比较严重，种子繁殖田一般选择无病田或轻病田，一旦发现病株应及时拔除并带出田外，同时进行土壤处理。抓好虫害防治，棉花虫害较常见的主要有烟粉虱、棉盲蝽、红蜘蛛、斜纹夜蛾、蚜虫等非靶标害虫。要早发现早防治，抓好后期红铃虫的防治，若红铃虫防治不当，虫籽率高，必将严重影响种子质量。在病虫防治措施上要以预防为主，利用化学、物理、生物等方法，使病虫危害降到最低程度。具体执行按棉花病虫害防治相关规程进行。

1.9 整枝

棉花的无限生长习性使得开花结铃期持续时间较长，一般中部与中上部果枝棉铃的种子成熟度好，子指和活力较高，而基部和顶部棉铃种子质量较差。通过去早蕾及早打顶和及时摘除边心，使开花成铃相对集中于最佳开花结铃期内，提高种子质量。在棉株现蕾后结合整枝去掉基部 2 个果枝，对高活力种子生产十分必要。在不同密度下去早果枝的试验研究均显示，可以通过提高之后的结铃率或铃重来弥补去早果枝的损失，使产量基本不受影响甚至提高。但过多去除早期果枝(3 个或以上)则可能造成棉花贪青晚熟，对棉花产量和品质提高均不利。

1.10 子棉采摘

收获时组织收花队统一采摘棉花。吐絮后每隔 7～10 d 采收一次,但遇阴雨天气应抢时采收吐絮棉铃,否则易形成烂铃,严重影响种子活力。为保证种子有较好的成熟度和较高活力品质,在子棉采摘过程中,要求采集棉株上、中部成熟良好的完全吐絮花,作为种子花轧花留存。而将基部脚花和顶部花单独采摘、堆放,作为非种子花处理。严禁采摘尚未正常吐絮的笑口铃,也不要摘拾虫花和病株花,不要采摘露水未干时的花。烂铃花和僵瓣花不得作种子棉。

1.11 质量监管

种子公司或其他良种生产单位通过与种子生产特约基地签订种子生产合同等形式,明确双方职责;加强种子生产过程管理,监督田间及时去杂去劣;对繁种基地要做到“五统四分”,即统一规划、统一种源、统一技术、统一质量标准、统一价格,分户管理、分户检验、分户收种、分户结算,以保证种子纯度。通过与加工单位签订种子加工合同,确保种子加工质量,以保证种子的播种品质。

种子管理部门要对棉花种子生产单位(公司)加强管理,制定种子质量生产和检验标准,并进行督促检查,对种子质量符合标准规定的种子签发合格证书,对不合格的种子提出处理意见。

2 杂交棉制种技术与要求

本章介绍人工去雄杂交制种和雄性不育杂交制种的技术与要求。杂交棉制种的田间管理，包括施肥、化控、中耕、整枝、病虫害防治等，与常规棉良种繁殖要求基本相同，在此不再赘述。

2.1 人工去雄杂交制种

2.1.1 花期相遇调节

播种期的确定原则基本同常规棉，不同的是杂交棉要考虑父母本花期相遇问题。当父母本开花期相差 3 d 及以内时，可同期播种；当父母本开花期相差 3 d 以上时，应该错期播种。开花早的亲本适当推迟播种。除通过播种期调节外，还可以通过覆膜方式调节，或通过去掉早蕾或早花的方式调节，以保证父母本开花期相遇，开花授粉同时进行。父母本花期不遇，不仅影响制种产量，而且不利于杂交制种质量的控制。

2.1.2 隔离条件、父母本行比与种植密度

为了防止天然杂交，杂交棉制种田要采取必要的隔离措施，周边最好种植玉米等高秆作物作隔离带，且与周围其他棉田间隔 1 000 m 以上，并避免选择附近有蜜源植物或传粉媒介较多的地块制种。制种区域统一规划，集中连片，以减少自然混杂。父母本行比 1∶(5～8)为宜。为方便去雄和授粉，母本种植密度应较当地大田生产种植密度适度降低，行距增大为 90～100 cm，每亩(666.7 m^2)长江流域棉区 1 200～1 600 株为宜。父本种植密度与当地生产大田相当，为增加花量，父本密度每亩(666.7 m^2)可以到达 3 000 株左右。

2.1.3 工具置备

去雄用：临时标记线，以长 20 cm 红线为宜，每公顷约 120 000 根。

授粉用：授粉瓶、网袋、筛网、箩筐、镊子、小剪刀、塑料牌、毛笔、记号笔、毛巾、雨衣、防暑药品等。每名操作人员一套。授粉瓶宜用白色半透明塑料瓶，直径 3 cm、高 5 cm 为宜，顶端一侧或中间钻一个直径 2～3 mm 的圆孔，孔缘润滑柔软。每人最少 2 个，瓶上应标明亲本名称或代号及使用者姓名。

质量检查用：放大镜，每个监督管理人员 1 个。

2.1.4 清除杂株劣株

棉花属于常异花授粉作物,异交率一般在5%～15%。制种田在亲本各生育期均需多次鉴别清除异株,保证亲本纯度。如苗期可根据棉苗长势长相、叶色叶型等特征,盛蕾期根据株型、主茎腺体、茎秆颜色、叶色、茸毛密度等特征,铃期则根据铃型、萼片、苞叶形状结合其他植株特性进行鉴定;收花前再进行一次纯度检查,彻底拔除亲本中的非典型株及病株。亲本为转基因抗虫棉的还应去除非抗虫株和抗虫性差的变异株或杂株。

2.1.5 人工去雄

制种期间每天下午进行去雄(图1)。具体操作是用左手拇指和食指捏住母株花冠基部,分开苞叶,用右手大拇指指甲从花萼基部切入,直至子房壁外白膜,并用食指、中指同时捏住花冠,按逆时针方向轻轻旋剥,同时稍用力上提,把花冠连同雄蕊一起剥下,露出雌蕊,顺手在铃柄或苞叶内侧放上一根标记红线。剥下的花冠放入随身带的网袋中带出制种田。去雄时应注意保证雌蕊安全完好,指甲不要掐入过深,以防伤及子房白膜、柱头、苞叶,也不要用力过猛,以防拉断柱头。监管人员应每天早晨抽查去雄质量,加强制种过程质量控制,严防出现去雄不彻底、剥大花、漏花等现象。

图 1　棉花杂交种人工去雄操作

2.1.6　人工授粉

(1)取父本花粉

当天授粉前,摘取已开放的父本花,用剪刀把雄蕊剪出花冠,或用镊子将已散粉的花药取下放在下面铺有纸张的筛网上摊开筛粉,达一定数量后用毛笔收集起来,倒入授粉瓶。装粉量以授粉瓶容积的 1/2～2/3 为宜。如遇低温、阴雨天气,花药不易开裂散粉,为保证正常授粉时间,必要时将未开放的父本花摘下,用灯泡和吹风机对父本花进行加温,促早散粉。父本花摘取的数量一般为需授粉母本花数量的 1/5。

(2)授粉时间

当天早上露水干后，按照标记线对前一天下午去雄的花蕾进行授粉，直到授完为止。长江流域棉区授粉宜在中午 12:00 前完成，12:00 后父本花粉的生命力开始衰退。若遇高温干旱天气，应在上午 10:00 以前结束授粉。若遇雨天不能按时授粉，可在早上父本花未开时，摘下当天能开花的父本花朵，选择凉爽的地方摊薄(温度不超过 20℃，温度高则放在冰箱中)，以便保持花粉活力。且待棉株上无水后再开始采粉、授粉。或在雨前用不透水塑料软管(一端密封)套在柱头上，防止雨水冲刷柱头从而影响花粉粒黏着和萌发，保持好花粉的活力。

(3)授粉方法

授粉时一只手拿授粉瓶，另一只手将已去雄花蕾的苞叶分开，露出花柱，倒转授粉瓶，瓶顶圆孔对准柱头，轻轻将柱头套入，缓缓转动一下授粉瓶后再从柱头上移开，取下标记线，完成授粉(图 2)。授粉要均匀、充分，母本柱头的每个心皮都要粘上足量的花粉，防止半边有粉半边无粉，形成小桃和歪嘴桃。授粉时要轻抹柱头，以免损伤苞叶、子房膜、子房。还要防止花粉遇水，保持瓶壁干燥，母本柱头也不能带水授粉，以免降低成铃率。若当天遇雨不能授粉时，可在第 2 天上午用新的父本花粉补授。制种期间如需喷施农药、叶面肥、化学调控剂等，应在授粉前后 4 h 进行。

图 2　棉花杂交种人工授粉操作

2.1.7　制种截止时间

一般地，随制种截止时间推迟，F_1 种子产量逐渐提高，若制种结束时间过早就会因有效制种时间缩短而导致减产，降低制种效率；但截止时间过晚会造成种子成熟度不够，子指下降，种子发芽率和活力明显降低，种子质量严重下降，且用工和制种效率上也得不偿失。根据棉花开花结铃适宜温度为 25～30℃ 的习性，结合多年的制种实践，在长江流域气候条件下，最佳制种时间为 7 月 10 日至 8 月中、下旬的 40～45 d。如遇制种后期高温年份，可适当延迟几天，而遇低温寡照年份则提前几天。

2.1.8　质量监管

为了保证杂交棉种子纯度及质量，要严格实行全程质量控制，把握各个质量环节，包括亲本种子纯度、制种区隔离、异株杂株拔除、去雄授粉质量检查等，杜绝自交铃。为此需要健全质量监管组织体系(图 3)。一般每亩(667 m^2)杂交制种田需配备 3～4 名制种操作人员，每 1.3～2 hm^2 配备 1～2 名质量监管人员。按照种子产业化的原则确定"公司＋ 基地＋ 农户"的生产模式，以合同的形式确认三方各自的责、权、利。基地负责人要与杂交制种农户逐级签订种子质量保证及回收合同。监管人员从制种开始到种子收购结束，应严格按照制种技术及管理方案中的有关保纯防杂条款执行。

图 3　棉花杂交制种技术指导与监管

制种开始前一天和当天上午，操作人员应将母本上已有的自交铃及已开放的花全部摘除。监督人员对此的检查必须严格，并签发“剥花制种许可证”；每天检查去雄、授粉质量，检查去雄是否干净彻底，不留1个花药，授粉是否充足、均匀，是否有漏授粉的花蕾。制种结束以后一直都要彻底并连续不断地清除母本上所有的花、蕾和自交铃。在整个制种期间，母本不应有自然开放的花朵和自交铃。同时，制种结束后两天内全部拔除父本，并带出制种地外，以杜绝父本可能出现的混杂，由技术员签发制种质量初验合格证。监督人员要分两次进行田间验收，第一次验收时间在制种前，第二次验收时间在吐絮前，两次验收合格的制种户即发给“田间验收合格证”。

2.1.9 种子收购

制种企业组织收花队统一采摘，以避免个别农户掺杂和使用常规种子的现象。根据制种基地回收合同要求及测产结果，对田间初步检查合格的，统一组织收购、统一晾晒和轧花。收购回来的子棉运到指定地点，按不同制种户、不同组合、不同批次采收的种子棉分开晾晒、分开轧花、分开存放，专库存放，专人管理。在收购、运输、晾晒和轧花过程中要严防混杂。棉子摘花后要及时晾晒，但严禁在不加隔离物品的水泥地上直接摊开晾晒，以防形成铁子，影响种子活力。晾晒后的子棉水分应控制在10％以下。

2.2 雄性不育杂交制种

棉花利用雄性不育制种方法主要包括利用质核互作雄性不育系的三系配套法和利用隐性核雄性不育系的两系法。用不育系作母本，省去了人工去雄工序，明显降低制种成本；用恢复系授粉即可获得杂交种，不会损伤柱头，操作简便，减少蕾铃脱落。父母本分开种植，也有利于杂交种子纯度的提高。因此，雄性不育杂交制种的推广应用越来越受重视。雄性不育杂交制种在田间种植与栽培管理方面的技术要求与人工去雄制种法基本相同，这里仅谈不同的方面。

2.2.1 亲本材料选择

以胞质不育系(图 4a)做母本，应选择不育株率和不育度为100%且配合力高的不育系；以胞质不育恢复系做父本，应选择综合农艺性状优良、结铃性强、育性好、花粉量大，具有强恢复基因、配合力高的恢复系。三系杂交棉的配置，不仅要求综合性状优良的不育系，更需要恢复系和不育系之间有一定的配合力，才有可能产生高产、高抗、品质优良的后代。

2.2.2 隔离要求与田间种植

雄性不育杂交制种基地必须经过严格筛选，制种田周边种植玉米等高秆作物作隔离带，与其他商品棉田间隔 3 000 m 以上，并远离蜂源，保证基本不受蜜源植物或传粉媒介的影响。父母本分区种植，母本不育系集中种植，父本恢复系（图 4b）种在母本一侧，最好靠近地边或路边，方便取粉。亲本种植密度在长江流域地区为 2.7 万～3 万株/hm^2，平均行距可较一般制种田加宽到 1 m。由于不育系比恢复系早开花 2～3 d，进入蕾期后不育系、恢复系要及时整枝抹芽，不育系剪掉下部 2～3 个果枝，提高第一果枝节位，缩短不育系与恢复系花期不遇时间，且有效减少下部烂桃。

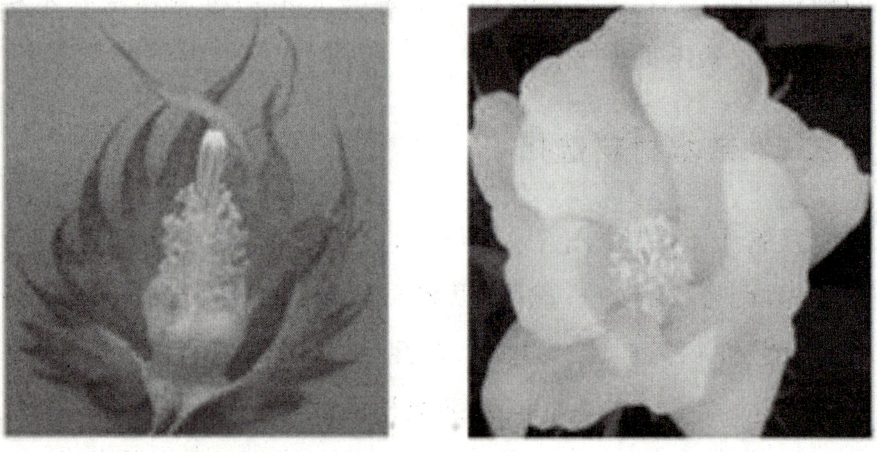

a. 不育系
Sterile line

b. 恢复系
restorer line

图 4 棉花雄性不育杂交制种亲本花器形态

2.2.3 拔除可育株

母本中的可育株与不育株可通过花器加以鉴别。不育株的花一般花药干瘪不开裂,内无花粉或花粉很少,而可育株的花器正常。为了提早拔除可育株,增大不育株的营养面积,可将育性的识别排除提前到蕾期,即在开花前 8～10 d 开始,对母本逐棵鉴定育性,拔除可育株。鉴定育性方法是手捏花蕾,手感花蕾饱满,手捻花药有花粉,则为可育株;反之,花蕾干瘪,手捻花药无花粉,为不育株。鉴定出的不育株随即用标记线标记,鉴定或发现的可育株及时全部拔除。

2.2.4 授粉方法与要求

制种开始前一天,应将母本株上已结的棉铃与刚开的花全部摘除,同时检查拔除可育株及其他杂株,经制种监督管理人员检查验收合格后,方可开始授粉制种。从恢复系父本花取花粉以及向不育系母本授粉的方法同人工杂交制种。需要注意的是,由于不育系当日开花较晚,授粉应采取两个措施:一是早摘父本花,促其散粉,对未开放的不育系撕开花苞提前授粉。二是早晨及早采摘未开放的父本花放置阴凉处保存,避免过早过快开花后长时间等待母本花开而降低花粉活力,待不育系花朵开放后再行授粉。还要注意要保证有足够的恢复系花粉,切不可因父本数量不足用其他花粉替代。

2.2.5 亲本繁殖与保纯

不育系、恢复系、保持系均需单独隔离繁殖保纯，繁殖田隔离要求同制种田。用保持系花粉给不育系授粉繁殖保持系，授粉方法同制种田。应分别在授粉前和收花前按照不育系、恢复系、保持系的典型特征特性，严格去除杂株、劣株、变异株和病株。授粉结束后拔除全部保持系。田间管理按一般高产栽培要求进行。不育系、恢复系、保持系种子的收获、加工、储藏要求同常规杂交制种田。可一次繁殖，冷库保存，多年利用。

3 棉花种子加工技术与要求

相比其他作物种子的加工，棉花种子加工工序多、操作难度高、技术复杂，各工序均会直接影响种子活力。棉花种子加工工序主要包括轧花剥绒、硫酸脱绒和包衣与包装。加工目标是尽量减少加工破损，降低破损率，提高脱绒率，提高生产效率，同时减少对棉花种子活力的影响。在每年加工开始前，一定要对棉花种子加工设备全面认真地进行检修和保养，使其处于完好的工作状态，并使各种技术参数符合棉花种子加工的需要。

3.1 毛子清检

轧花是良种加工的第一环节，也是确保种子加工质量的关键所在。轧花前的清检工作也不容轻视，首先对每批入库的子棉进行质量抽检，不合格的子棉不准进入加工流程，重点是抽查含水量和发芽率。子棉在轧花前务必将僵瓣、霉瓣与杂质挑拣干净，以提高健子率。加工中霉变的棉花种子因其形状、大小、密度都与正常种子相仿，在后道精选机上不易被清除而混入成品种子中，直接影响棉花种子的发芽率。这在收花季节雨水较多的年份，表现得尤为突出。所以要在轧花机前配备一台清花机，并确保清花机的性能良好，以有效清除僵瓣、霉瓣，在气候不利的年份还应增加人工清选，以杜绝霉种混入。棉花种子清选见图 5。

图 5　棉花种子清选

3.2　轧花剥绒

在剥绒工艺（图 6）执行中，既要保证把绒剥净，同时又不能将种子剥破，即残绒率和破子率都要低。但实际上二者往往是矛盾的，为了降低破子率，一味要求轻剥，残绒率势必会提高，进而影响下一步的泡沫酸脱绒质量与效益。因此，关键在于破子率和残绒率控制在合理水平。一般而言，机械剥绒后棉花种子残绒率越低，棉花种子在泡沫酸脱绒时消耗就越少，加工效率也相应提高，更重要的是泡沫酸脱绒后棉花种子的残酸含量易于控制。反之，若剥绒后的棉花种子残绒率越高，泡沫酸脱绒时工艺调整的难度就越大，若控制不当，会使得成品棉花种子的残酸含量超标，直接影响棉花种子的发芽率。脱绒前的毛籽质量必须进行检验，达到以下标准方可进行泡沫酸脱绒：发芽率≥80％，健子率≥75％，含水率≤12％，含绒率≤8％，破子率≤4％。

图 6　棉花子棉轧花剥绒工艺

实际生产中必须根据不同棉花品种种子的特征特性灵活调配设备参数。如江苏科棉种业根据科棉系列棉种子粒较大的特点，为提高种子净度，控制残绒率，采取一、二道工序轻剥，控制残绒率在8%～9%，同时选配半成新的锯片并放松剥绒车抱合板，控制锯片滚筒转速不超过650 r/min，避免因锯片过于锋利、棉卷抱合太紧以及转速太快造成过多破损，破损率要尽量控制在3%以下。另外，在加工中还应注意调节吸子风机的风速，提升机的提升速度，以及输送绞龙螺旋叶片与外壳的间隙以减少机械损伤。

3.3 泡沫酸脱绒

泡沫酸脱绒是棉花种子加工的关键工序，稍有不慎就会造成种子质量下降，甚至报废。所以要求泡沫酸脱绒工序严格按工艺要求操作，尤其要根据棉花种子的残绒率和含水量来配制硫酸发泡剂及水的用量，调整下子量和烘干机的温度。以保证棉花种子温度不高于50℃、脱净率达98.8%、残酸量低于0.15%，从而给精选包衣创造条件，并使成品棉花种子达到净度99.9%、包衣合格率大于90%、残酸量小于0.15%、破子率小于3%，发芽率不低于脱绒前的发芽率。

棉花种子泡沫酸脱绒加工设备见图7。

图 7 棉花种子泡沫酸脱绒加工设备

3.3.1 泡沫酸浓度的设定

根据棉子的喂入量和含绒率，将硫酸、发泡剂和水按一定比例混合后，搅拌成泡沫酸溶液。检验时，先测试浓度，再配比，即水：硫酸：发泡剂为 100：(11～12)：(0.7～1)。实践表明，当脱绒子残绒量为 8%～9%，生产量为每小时 1.0 t，泡沫酸的供应量可调至 120～136 L/h。实际生产中，针对不同品种可根据以上参数相应调整，使其达到最佳匹配度。有条件的企业可以加大投资进行技术改造，由泡沫酸加工改为稀硫酸加工，并增加风筛选和重筛选以及黑白双色选，进一步确保棉花种子的质量，提高发芽率。

3.3.2 加工温度的设定

在泡沫酸脱绒过程中，棉花种子的温度直接决定了加工质量。它既关系到棉花种子脱绒效果的好坏即生产效率的高低，又在相当程度上决定棉花种子的生活力，尤其在控制不当、温度波动较大时，对棉花种子发芽率有较大的影响。根据实践经验总结，温度设定在45～50℃较为适宜，这样既能保证棉花种子加工质量，又能兼顾生产效率。在实际生产中可以将烘干机进口温度控制在140～150℃，出口温度控制在50～55℃；摩擦机进口温度控制在90～110℃，出口温度控制在45～50℃。但在棉花种子水分和脱绒状况达到要求时，应尽量降低进风温度，以免降低棉花种子活力和发芽率。脱绒机进风温度一般调到80℃左右。泡沫酸脱绒加工期间当班生产人员应时刻注意温度变化，并作相应调整，以防不测。

3.3.3 棉种残酸量的控制

脱绒子经摩擦机成光子后，应先抽样检测中和前的残酸含量，此时残酸量一般为0.4%左右，随后必须用氨进行中和，使残酸量≤0.15%；若残酸量>0.25%，则应考虑进行二次中和。棉花种子发芽实验结果表明：残酸量>0.25%，棉花种子发芽时子叶边缘会出现酸灼伤的斑点，严重时会影响到发芽率。氨水的浓度以15%左右为宜。酸和氨的浓度都不能过高，否则，棉花种子表面无光泽，易吸湿返潮。应特别注意的是：氨对棉花种子生活力有杀伤作用,如氨过量,会使得棉花种子表面发黑,轻则生活力减弱,重则发芽率降低。

3.4 种子包衣

包衣(图 8)有利于齐苗壮苗,防治地下害虫和减轻苗病,省工省种省本,而且增产增收效果十分显著。为了搞好包衣,在棉花种子包衣前,要先对脱绒棉花种子进行严格检验,棉花种子含水率不能大于 12%,如超过应及时摊晒,降低水分含量;棉花种子残酸率不能高于 0.15%,健子率不低于 85%,如不能达到要进行二次清选,达到要求再进行棉花种子包衣。当前国内应用的棉花种衣剂有不同种类和剂型,如卫福、适乐时、高巧等,应因地制宜,根据具体生产目标合理选择,确保种子包衣的应用效果。如种衣剂 1 号主要用于长江下游移栽棉区,能综合预防苗期主要病害,如立枯病、炭疽病、红腐病、苗疫病、种腐病等,兼有促进生长的作用。

在包衣环节,用药量应严格按照规定要求执行,不同剂型有不同的合适用药量。用药量过大,会产生药害,影响棉花种子发芽率和出苗率,同时浪费药剂;用药量过低则会影响药效。要进行多次的安全性试验,调整种衣剂与棉花种子的最佳药种比例,以更好地保证包衣种子的质量,降低用种量和包衣成本。

棉花成品种子包衣与包装操作见图 9。

图 8　棉花成品种子包衣

图 9　棉花成品种子包衣与包装操作

3.5 质量监管

从子棉轧花开始即按照精棉种加工程序进行操作，定时定点对成品进行抽检，重点检测发芽率（图 10）、水分含量、含酸量等，批次合格的棉花种子才进入小包装流程，杜绝不合格棉花种子流入市场。

图 10 棉花种子发芽率检测

为便于对加工中的棉花种子进行质量跟踪，可以对所加工棉花种子实行分批编号，并对各批次棉花种子在泡沫酸脱绒工序的氨中和前后分别抽样进行残酸含量、发芽率、生活力等项指标检测，如发现残酸率超标等异常情况应及时调整。所抽取的种样应为生产线上各批次的流水样。泡沫酸脱绒后的光子和包衣后的成品种子应按不同批次分别堆放，并按国标要求的各项质量指标建立各批次棉花种子的质量档案，以备销售前后的质量跟踪。棉花种子的后熟作用表现得比较明显，因此对进厂加工的前、中、后期毛子应分别堆放、加工。对当年销售的后期收获的棉花种子，应做打破休眠处理。合格棉花种子按要求统一规格包装，并要求包装质量达到不破损、封口要严实。

生产的棉花常规种、杂交种亲本及杂交一代种的棉花种子质量应符合 GB 4407.1—2008 规定的棉花种子质量要求，方能上市销售。棉花种子检验按照 GB/T 3543.1～3543.7 和 NY/T 1385 标准执行。